爱上数学 11

· 平面图形 ·

我的云朵朋友

〔韩〕金善姬 / 著　〔韩〕李受珉 / 绘　刘娟 / 译

云南出版集团　晨光出版社

小贤和白云成了好朋友，她们在一起玩得很开心。

白云拥有神奇的能力，能变出任何形状。

她变出了长方形、三角形和圆形的云朵。

这些不同形状的云朵可以组合成什么呢？

如果想做一辆小汽车，需要哪些形状呢？

只需要2个圆形和1个长方形就可以啦。

看看我！我用1个三角形和1个梯形做成了一艘船。

放学后，小贤回到了家里。

家里一个人都没有，爸爸和妈妈还没下班。外面下着倾盆大雨。

无所事事的小贤呆呆地望了一会儿窗外，想起了好朋友小研，于是她拨通了小研的电话。

"小研，你在干吗呀？和我玩一会儿吧。"

"雨太大了，我不想出去。"小研干脆利落地拒绝了小贤。

没办法，小贤只能再给小英打电话。

电话那头传来了小英妈妈的声音："小英去兴趣班学钢琴啦。"

挂掉电话后，小贤觉得有点儿失落。

"不然我去游乐园碰碰运气吧，说不定那里会有小朋友能陪我一起玩儿。"

小贤穿上黄色的雨靴，撑着红色的雨伞向游乐园走去。

没想到，游乐园里空荡荡的，一个人也没有，到处都是水坑。

圆形的水坑，四边形的水坑，三角形的水坑……

百无聊赖的小贤在各种各样的水坑里跑来跑去，吧唧吧唧地踩水玩了起来。

玩着玩着，雨势渐渐弱了下来。

这时，小贤在一个四边形的水坑里发现了云彩的倒影。

小贤抬起头，看到一朵白云飘在空中。

"白云，你怎么会在这里呀？"

听到小贤的问话，白云可怜兮兮地回答说："我的朋友们把我留在这儿后，就都离开了。"

小贤觉得白云很可怜。她说："要不我陪你玩会儿吧？反正现在也没有朋友和我一起玩，我正觉得无聊呢。"

白云点点头，轻飘飘地落在游乐场里。雨也慢慢地停了下来。

终于有人和自己一起玩儿了，小贤顿时来了兴致。

"白云哪，我们玩什么呢？要不一起玩跷跷板吧？"

白云笑盈盈地看着小贤，回答说："不行，不行，我太轻了，压不住跷跷板。但是我可以变成任意形状的云。你有什么想要的，我都可以变出来送给你。"

小贤想了想，该让白云变点儿什么呢？

"那就变一个球出来吧，我们一起玩球。"

只见白云的身体一滚一滚地移动着，转眼间就变出了一个胖乎乎的圆球。

小贤和白云兴高采烈地踢起了球。

过了好一会儿，小贤玩腻了。

正好雨过天晴，太阳悄悄露出了头。

"如果能把球放进漂亮的手提包里就好了……"小贤看着刚才玩过的球说道。

"手提包？你想要一个什么样的手提包呢？"

"就像爸爸平时用的那样，又大又结实的手提包！"

于是，白云又开始滚啊，压啊，变出了一个箱子一样的手提包。

小贤开心极了，嗖地一下把球装进了包里。

看到小贤高兴的样子，白云的心情也变好了。

"如果把好几朵不同形状的云组合在一起，还能做出更复杂的东西呢！"

听到白云的话，小贤立马瞪大了眼睛，"真的吗？"

"当然啦，你随便说吧，无论什么东西我都可以变出来。"

小贤想了半天，让白云变点儿什么好呢？

"你能变一只蝴蝶出来吗？我想要一只翩翩飞舞的美丽蝴蝶。"

白云笑了笑，慢慢地移动起来，不一会儿就变出了两朵三角形的云。

白云把两朵三角形的云朵组合在一起，变出了一只在天空中飞来飞去的蝴蝶。

小贤忙着抓蝴蝶，开心地又跑又跳。

"咳咳，我快喘不过气来了。"

小贤跟着蝴蝶跑来跑去，很快就累了。

小贤想了想，抬头问白云："你能帮我变一架飞机吗？"

"当然可以。"

只见白云又一滚一滚地移动起来，变出了好几朵不同形状的云，变出三角形云朵后，又变出了圆柱形的。

"这次你来试试吧！"白云一边把不同形状的云朵放到小贤面前，一边说道。

小贤琢磨了一会儿后，把云朵们组合在一起，拼出了一架飞机。

小贤坐上飞机起飞啦！

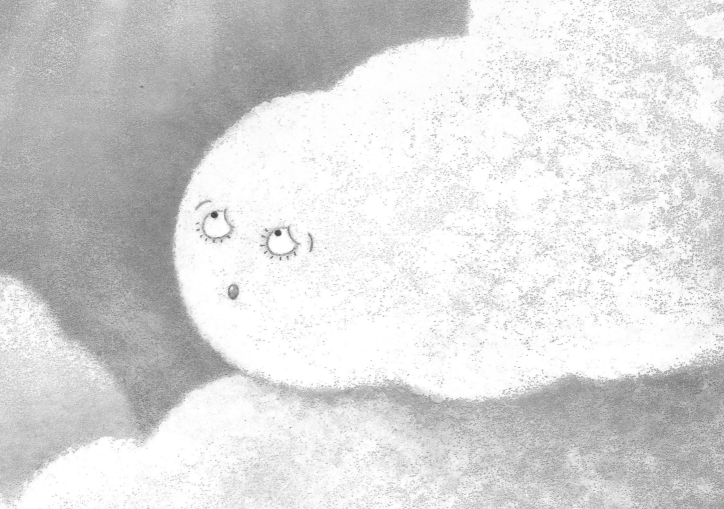

云朵变成的飞机像棉花一样既蓬松又柔软，坐在上面好舒服啊！

小贤惬意地吹着凉爽的风，在天空中自由自在地飞翔。

正玩得兴致勃勃，这时白云的表情却变得有些奇怪。

"好热呀，好热。"

小贤连忙从飞机上跳下来，跑到白云面前，问道："白云你怎么啦？"

白云一脸疲惫地说："阳光太强烈了，照在身上火辣辣的，我受不了了，咱们快点儿逃吧。"

小贤张开双臂护着白云，向天空大喊："太阳，你不要欺负白云，她是我的朋友！"

但是，太阳完全不理睬小贤的话，仍然散发着炽热的光。

受不了酷热的白云，脸色变得越来越难看。

小贤看了看身旁的红雨伞，眼前一亮，她把雨伞撑了起来。

"白云，快躲到伞里来，雨伞可以挡住阳光。"

白云点点头，轻轻地钻进了小贤的雨伞里。

果然，躲进雨伞里后，白云觉得舒服多了。

但是，没过多久，雨伞里也慢慢热了起来。

"对了，我还有一个办法！白云，你稍微等我一下。"

只见小贤在湿润的沙地上画了一个三角形。"哎呀，这个不行……"

小贤不断地擦掉、重画，再擦掉、再重画……

"终于可以啦！"原来，小贤是想画由 4 个三角形组成的风车。

小贤用嘴呼地一吹，风车就转了起来。风车呼呼地转着，一下子就把太阳散发的热气吹得无影无踪了。

"呼——呼——"小贤一刻不停地吹动着风车。

她累得气喘吁吁，最后，连风车都罢工了。

阳光越来越强烈，白云难以承受太阳的热气，快要不能呼吸了。

小贤心疼地看着白云，说："这样下去可不行，我给你盖一座房子，让太阳晒不到你。"

于是，小贤开始在沙地上画房子。她用长方形、三角形和圆形画出了一座温馨的小房子。"白云白云，快到房子里去吧！"

白云忙不迭地钻进房子，避开了炎热的太阳。

但是，太阳还在一刻不停地散发着热气。

沙地上原本还有很多水汽，在阳光的照射下，也都渐渐地蒸发掉了。

小贤画在沙地上的房子也慢慢消失了。

白云看起来精疲力尽，快要坚持不住了。

"啊，这里太热了！看来，是时候去找我的朋友们了。可我一点儿力气都没有了，不知道能不能顺利回去。"

小贤也觉得是时候送白云回家了。

她突然想起了装在口袋里的气球。

小贤灵机一动，把气球拿出来，吹得很大很大。

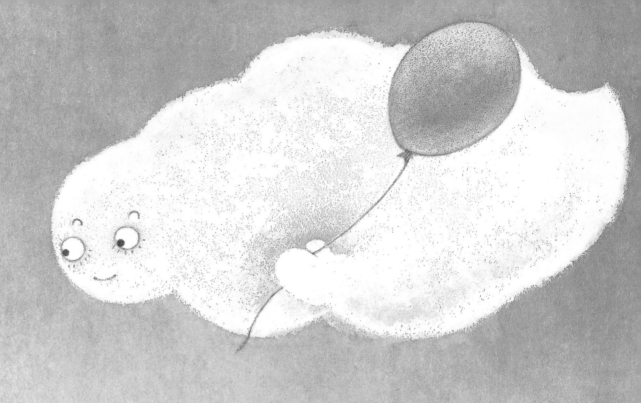

"快来，白云，你一定要把气球抓得牢牢的！"小贤把吹得圆滚滚的气球递给白云。

抓住气球的白云马上就飘了起来。

这时，一阵风吹过，小贤拜托风叔叔："风叔叔，您能帮忙把白云送到她的朋友身边吗？"

"没问题，小菜一碟。"风叔叔爽快地答应了。

"小贤，谢谢你！我不会忘记你的。"白云抓住气球，乘着风，慢慢地向天空飘去。

　　"白云，祝你一路平安！"直到完全看不见白云，小贤才放下一直挥动的双手。

　　看着白云和气球彻底消失在视线里，小贤突然有点儿难过，现在她又变成一个人了。

　　这时，小贤耳边传来了朋友们的声音。

　　"小贤，雨停了，我们一起玩儿吧！"小研跑过来说道。

　　"小贤，我下课了，一起玩儿吧！"小英背着书包跑了过来。

　　小贤开心极了，红红的脸蛋笑成了一朵花。

让我们跟小贤一起回顾一下前面的故事吧！

　　白云应该已经安全到达朋友身边了吧？白云是我的好朋友，她有一种神奇的技能，可以变出各种各样的形状。我们一起玩儿的时候，白云变出了一个球，我们踢了好一会儿呢。白云还变出了一只美丽的蝴蝶和一架飞机，飞机坐上去软绵绵的，可舒服了。

　　为了保护白云不被炽烈的阳光晒伤，我在沙地上画出了各种形状，做成了风车和房子。在这个过程中，我发现竟然有这么多种形状。

　　那么接下来，我们就深入了解下不同的形状吧。

数学面对面

认识平面图形

我们身边有很多形状各异的物品。来找找日常生活中都有哪些形状吧。

仔细观察后，请对形状相似的物品进行分组。

每个物品的形状都不一样吗？

对照下图看一看，你找全了吗？分组分的对不对？

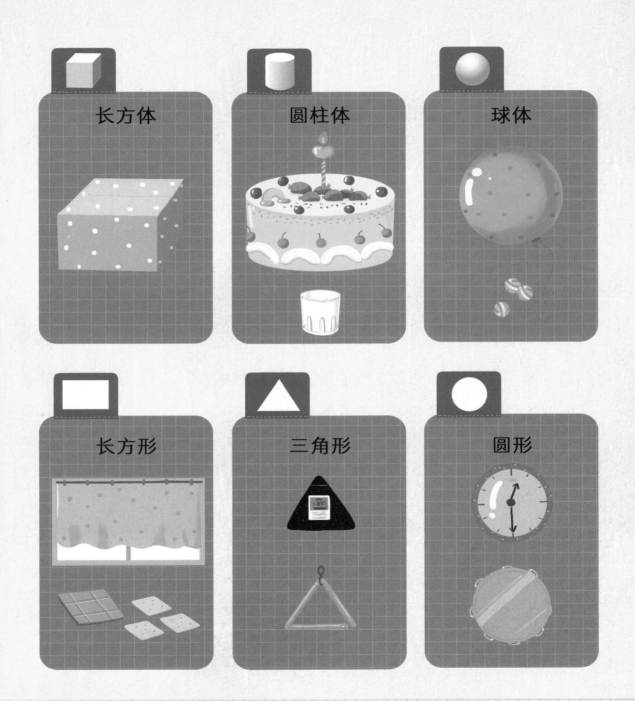

长方体

圆柱体

球体

长方形

三角形

圆形

接下来，让我们一起尝试使用长方形、三角形和圆形来组合出不同的图形吧。

使用长方形、三角形和圆形的剪纸，就可以拼出举起双手的人物形象。可以用圆形制作头部，三角形制作帽子，四边形制作胳膊和腿部。除了圆圆的脸，其他部位都可以用线段组成的图形来制作。

像三角形、长方形这样，用线段构成的图形被称为**"多边形"**。

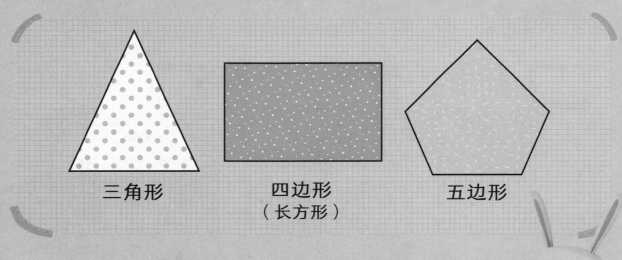

三角形　　　四边形　　　五边形
　　　　　（长方形）

多边形边的数量不同，名字也不同。如果有 3 条边就是三角形，如果有 4 条边就是四边形，如果有 5 条边就是五边形。

原来是按照角和边的数量来定义多边形名字的呀！

有的多边形各条边的长度和各个角的度数都相等，这样的多边形叫作**"正多边形"**。

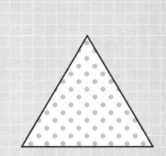
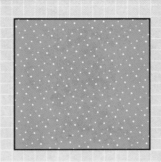
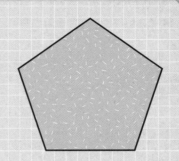

正三角形
（等边三角形）

正四边形
（正方形）

正五边形

正多边形中，角的度数是多少？

前面讲到，正多边形的各个角的度数都相等。如果是等边三角形，不管是大等边三角形还是小等边三角形，每个角的度数都是60°。如果是正方形，每个角的度数都是90°，而正五边形每个角的度数都是108°。

生活中的平面图形

日常生活中，我们周围常常能见到各种形状。接下来我们就看看，生活中形状是如何被广泛应用的吧。

 科学

正确使用工具

右图是用不同的形状拼成的汽车。小朋友们使用尺子、剪刀和胶水等工具就可以做出图中的小汽车。这些工具的使用能使我们的日常生活变得更加方便。但是，在使用工具的过程中也需要掌握正确的方法。比如：在使用剪刀剪纸时，可以一只手拿着纸，另一只手拿着剪刀依照形状向前剪，一定要小心，不要伤到手。另外，在使用胶水时，要避免在不需要涂胶的地方涂抹，使用完后要记得拧紧瓶盖。

蜂巢的形状

蜜蜂的种类不同，蜂巢的形状也不同。比如，有些蜜蜂会搭建正六边形的蜂巢。据说，蜜蜂之所以会建造正六边形的蜂巢，是因为在正多边形中，正六边形的蜂巢最稳固、内部空间最宽敞。这样看来，蜂巢的设计真是既坚固又科学。

 **体育**

足球的秘密

　　仔细观察足球，就会发现足球是由若干个多边形组合而成的。1970 年的墨西哥世界杯和1974 年的德国世界杯中使用的足球"电视之星"，是皮革材质的，由 12 个黑色的正五边形和 20 个白色的正六边形拼接而成。1978 年阿根廷世界杯使用的足球"探戈"也很有代表性。这款足球12 个等圆的视觉效果设计完美体现了阿根廷探戈的美感，也奠定了未来 20 年足球外形图案的基础。足球的工艺不断发展。2006 年德国世界杯使用的"团队之星"足球采用无缝压合技术，由 8 个正六边形和 6 个正三角形拼接而成。这样一来，足球的球皮个数缩减到 14 个。

▼ 团队之星

▼ 电视之星

▲ 探戈

 **英语**

Pentagon

　　五边形用英语写作 pentagon，但首字母大写的 Pentagon 也有其他含义，就是美国最高军事机关国防部"五角大楼"，其原因就是从天空中俯瞰美国国防部大楼，它看起来就是一个五边形。

去见白云啦

小贤的朋友们听说了小贤和白云的故事后，也想见一见白云。根据小朋友旁边的形状名称，沿着对应形状的建筑物向前走。然后圈出成功见到白云的那位小朋友吧。

小贤想用不同形状的彩纸做一个稻草人。仔细观察已有彩纸的形状，圈出这些形状能够拼成的那个稻草人吧。

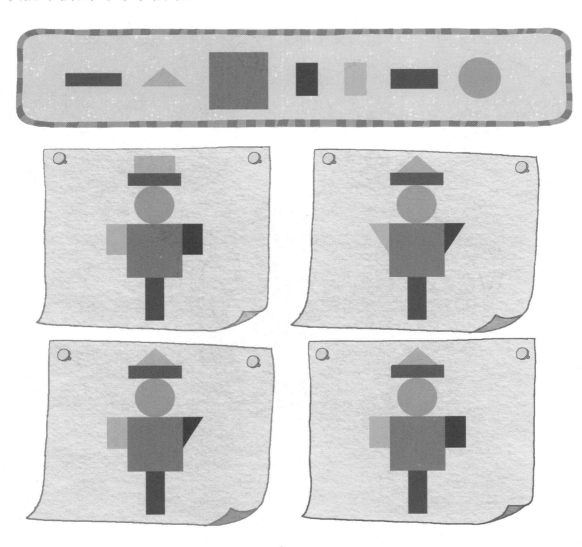

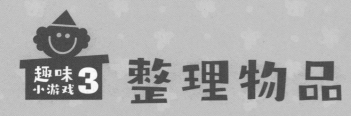

整理物品

　　小贤的弟弟正在整理物品，他准备按照物品的形状分类整理。请在最下方找出形状相同的物品，沿黑色实线剪下来后分别贴到对应的篮子里。

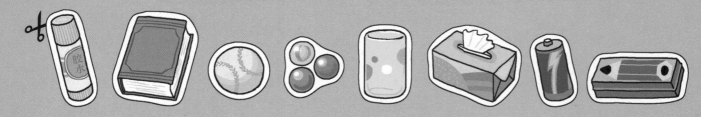

做一只小狗

先把图中白色的多边形涂上自己喜欢的颜色，然后认真阅读背面的制作方法，做一只可爱的小狗吧。

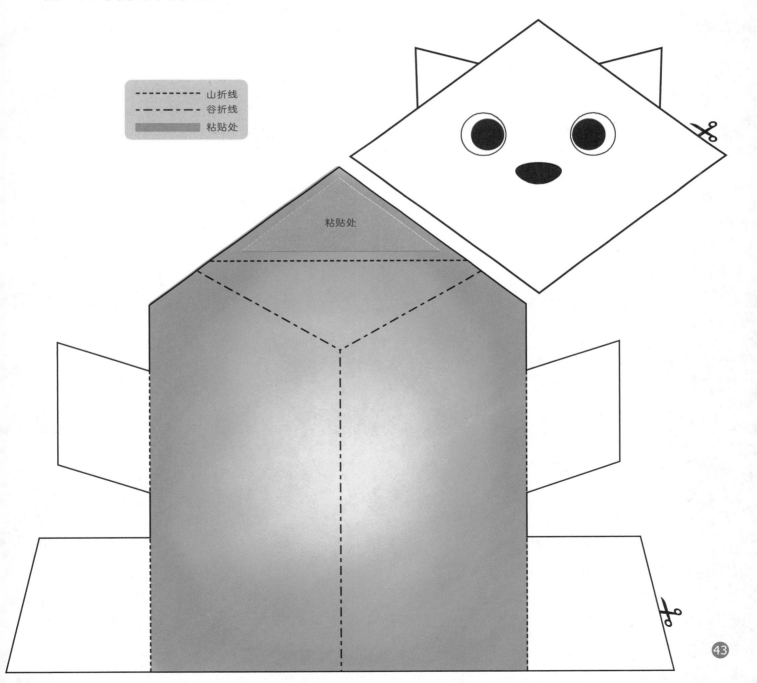

山折线
谷折线
粘贴处

粘贴处

制作方法

1.把图中的多边形涂上好看的颜色。

2.沿着黑色实线剪下小狗的身体和头部。

3.给粘贴处涂抹胶水，把小狗的头部放在身体上，粘起来。

4.沿着折叠线折好后，把小狗竖起来，找一找刚才涂色的多边形分别是小狗的什么部位。

粘贴处

小贤的捕虫网

白云在天空中变出了各种多边形，小贤想把有 4 条边和 6 条边的多边形云朵都装进捕虫网里。请你试着画一画，把所有符合条件的白云圈进捕虫网里吧！

像这样构成多边形的线段就叫作"边"。

45

趣味小游戏6 一闪一闪亮晶晶

小贤和妈妈来到了珠宝店，陈列台中展示着各种形状的宝石，请在其中找到 2 个正多边形并圈出来。

边长相等、角的度数也相等的多边形被称作正多边形。

阿虎的房间

阿虎花了一下午时间重新布置了一下自己的房间。请根据下图的提示，帮阿虎写一篇简单的介绍作文吧。

房间里已经有了一张长方形的床。

　　我很喜欢我的房间，这是我花了一下午时间重新布置的，是不是很漂亮呢？接下来，我来为大家介绍一下我的房间吧。

参考答案

生活中各种形状的物品可真多啊！

40~41 页

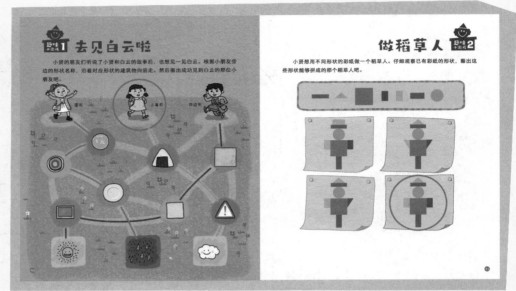

趣味小游戏1 去见白云啦

小贤的朋友们听说了小贤和白云的故事后，也想见一见白云。根据小朋友旁边的形状名称，沿着对应形状的建筑物向前走。然后圈出成功见到白云的那位小朋友吧。

做稻草人 趣味小游戏2

小贤想用不同形状的彩纸做一个稻草人。仔细观察已有彩纸的形状，圈出这些形状能够拼成的那个稻草人吧。

42~43 页

趣味小游戏3 整理物品

小贤的弟弟正在整理物品，他准备按照物品的形状分类整理。请在最下方找出形状相同的物品，沿黑色实线剪下来后分别贴到对应的篮子里。

做一只小狗 趣味小游戏4

先把图中白色的多边形涂上自己喜欢的颜色，然后认真阅读背面的制作方法，做一只可爱的小狗吧。